JARDIN D'ACCLIMATATION

DU BOIS DE BOULOGNE

Est ouvert tous les jours au Public

PRIX D'ENTRÉE :

EN SEMAINE, 1 FR. — DIMANCHES ET FÊTES, 50 CENT.
VOITURES, 3 FR.

Abonnements à l'année : hommes, 25 fr. ; femmes et enfants, 10 fr.
voitures, 20 fr.

A 2 h. 1/2, pêche au Cormoran sur la rivière derrière la poulerie.

A 3 h., repas des Otaries ou Lions de mer.

A 3 h. 1/2, exercice des Faucons au leurre sur la grande pelouse.

LAITERIE

Service du lait pur deux fois par jour à domicile.

LIBRAIRIE

On trouve à la Librairie du Jardin tous les ouvrages de Zootechnie, d'Agriculture, d'Histoire naturelle, de Sport, etc.

LES

OISEAUX DE SPORT

PAR

PIERRE-AMÉDÉE PICHOT

Directeur de la *Revue britannique*

PARIS

LIBRAIRIE DU JARDIN D'ACCLIMATATION

1875

LES

OISEAUX DE SPORT

« Et præsit volatilibus cœli. »
(GENÈSE, I, 26.)

« We'll e'en to't like french falconers. »
(HAMLET, act. II, sc. II.)

Mon espoir est en pennes !
(Devise de l'ÉQUIPAGE ROYAL DU LOO.)

I.

LA FAUCONNERIE.

Le Jardin d'acclimatation a souvent présenté au public, pendant la belle saison, une intéressante collection d'oiseaux de proie employés jadis en fauconnerie, car son but est, comme on le sait, de faire connaître toutes les applications utiles pour l'homme, des animaux soit sauvages, soit domestiques. Aujourd'hui, c'est un véritable équipage d'oiseaux dressés sous la conduite d'un maître fauconnier versé dans toutes les finesses de la haute et de la basse volerie, que l'administration du Jardin a placé sous les yeux de ses visiteurs. Les « *gentils* » faucons, perchés sur le bloc classique, ornés du joli chaperon à plumes, font tinter les sonnettes qui arment leurs pattes, comme pour protester contre l'incurie de notre siècle, qui a laissé tomber en oubli un des plus charmants passe-temps de nos pères. « MON

Vol du faisan dans une clairière.

ESPOIR EST EN PEINE! » semblent-ils dire tristement, en jouant sur le mot à double sens de la vieille devise des fauconniers.

Et cependant, si, comme le dit Buffon, le cheval est la plus belle conquête de l'homme, assurément il n'en est pas de plus charmante que celle du faucon. Non pas que ce roi des airs ait pu être réduit à la domesticité servile des animaux de nos fermes et de nos maisons : « the prisoned eagle will not pair, » dit Byron, et le faucon avec ses entraves est toujours resté roi, quoique captif : mais le spectacle de cette demi-servitude à laquelle il a dû se soumettre, n'en est que plus merveilleux par l'adresse et la patience dont il semble que l'homme ait dû faire preuve pour plier ce caractère farouche à ses exigences, et faire d'un oiseau presque indomptable un de ses aides les plus utiles et un de ses esclaves les mieux résignés. La fauconnerie, quoique beaucoup plus facile à pratiquer qu'on ne le croit en général, est en effet tout un art qui a eu ses maîtres parmi les princes, ses adeptes parmi les rois ; elle n'est aujourd'hui tombée en désuétude et presque complètement oubliée que parce que, négligée pendant les années de révolution qui bouleversèrent l'Europe à la fin du siècle dernier, elle ne nous apparaît plus que comme une des sciences mystérieuses du moyen âge dont on aurait perdu le secret. Peut-être aussi, comme le pense le docteur Chenu, fut-elle frappée de cette réprobation publique qui pesa sur tout ce qui semblait rappeler trop ouvertement alors la somptuosité et les profusions royales des temps passés.

La fauconnerie n'est pourtant pas morte, et c'est à tort qu'on la croit impraticable de nos jours. Sans doute là où la petite culture a fragmenté les champs et multiplié les clôtures, elle est devenue impossible, et Henri IV ne pourrait plus, comme disait le baron d'Offémont, aller *voler* la perdrix dans les plaines de Saint-Denis (en admettant qu'il y en eût là encore) sans être arrêté par un garde champêtre, mais n'avons-nous pas toujours la Champagne, la Sologne, les Landes, le Vexin, la Brie, où nos gracieuses châtelaines pourraient déchaperonner leur tiercelet? A nos portes, en Angleterre et en Hollande, ne trouvons-nous pas aujourd'hui deux écoles parfaites pour y apprendre le bel art dont elles ont conservé les arcanes? Les visiteurs du Jardin d'acclimatation trouveront peut-être intéressant de jeter avec nous un coup d'œil rétrospectif sur les vicissitudes de la fauconnerie pendant le dernier siècle. C'est à leur intention que nous rééditons sous une forme nouvelle cette étude publiée il y a quelques années déjà.

§ I.

Le règne de Louis XIII fut l'apogée de la fauconnerie en France. Depuis lors elle commença à décliner, et le perfectionnement des armes à feu rendant de jour en jour le faucon moins nécessaire pour se procurer du gibier, on oublia toutes les vives émotions que peut donner la chasse au vol et que l'on n'alla plus demander qu'à la chasse à courre. Louis XIV avait une préférence marquée pour la vénerie, et sous Louis XV on n'exerça plus que la basse volerie. César Le Blanc de La Baume, duc de La Valière, occupait cependant encore sous ce roi la charge de grand fauconnier, mais survint la tourmente révolution du XVIIIe siècle, qui porta le dernier coup à la fauconnerie mourante en France et en Europe. Peut-être eût-elle complétement disparu des mœurs des nations modernes, si quelques-uns des fauconniers si renommés

de la Hollande, où ces praticiens habiles se succédaient dans leur profession de père en fils depuis plusieurs générations, n'avaient pu, en prenant du service en Angleterre, continuer à exercer leur art traditionnel en dehors du bouleversement général, dont sa position insulaire avait protégé la Grande-Bretagne. Ce n'est pas qu'il n'y eût déjà en Angleterre une école de fauconnerie nationale, mais l'arrivée des Hollandais donna une fraîche impulsion à cet art languissant aussi dans les Iles-Britanniques, mouvement très-marqué d'où sont sortis les fauconniers contemporains.

Parmi les Hollandais qui émigrèrent en Angleterre, fut le dernier fauconnier de la fauconnerie royale de France, François Van den Heuvel, né à Valkenswaard en 1766. Il avait été mis très-jeune en apprentissage chez François Daams, autre célèbre fauconnier hollandais. Après avoir servi cinq ans chez l'électeur de Hesse-Cassel, il fut engagé pour la fauconnerie de Versailles en 1785, où il servit sous M. de Forget, lieutenant des chasses de Louis XVI; puis, lorsque la fauconnerie royale fut supprimée en 1792, il retourna à Valkenswaard, et, après avoir été deux ans chez le prince d'Anhalt-Bernbourg, il passa en Angleterre, où il servit en qualité de fauconnier chez le colonel Daunton de 1794 jusqu'en 1799, puis successivement chez lord Middleton (1799-1804), chez sir Robert Laley (1804-1820), et enfin chez le colonel Wilson (1820-1828). Il retourna alors à Valskenswaard et rentra en 1840 au service de cette fameuse société d'amateurs de chasse au vol qui s'établit au château royal du Loo, en Hollande.

Jean Daams, oncle du maître de Van den Heuvel, passa aussi en Angleterre en 1792, et, par les excellents élèves qu'il fit, contribua à sauver les traditions de la fauconnerie. D'abord au service de lord Orford, puis du colonel Wilson, il faisait annuellement en automne le voyage de la Hollande pour y prendre et affaiter des faucons *hagards* (1). Il faisait pour la seizième fois, en 1808, ce voyage avec ses aides, Jean Lambert Daankers et Jean Peels, lorsqu'à son passage à La Haye pour y prendre ses passe-ports, le roi Louis fut averti de sa présence, et l'engagea à rester en Hollande pour remonter au château du Loo la fauconnerie royale abandonnée depuis le départ du stathouder Guillaume V en 1795. Peels retourna seul alors en Angleterre, et la fauconnerie refleurit en Hollande comme aux plus beaux jours de son existence. Lors de l'abdication du roi en juillet 1810 et de l'annexion du royaume de Hollande à l'empire français, Napoléon fit venir Daams et Daankers à Versailles, avec quatre aides fauconniers ; mais en 1813 la fauconnerie de la cour fut de nouveau supprimée : l'Aigle réclamait trop de soins alors pour que de simples faucons présentassent grand intérêt. Napoléon, en effet, n'assista que trois fois aux vols de son équipage, à moins que l'on ne compte cette chasse à tir qu'il fit près de l'endroit où ses fauconniers donnaient l'ébat à leurs oiseaux, et où il lui arriva d'abattre un des faucons qui vint à passer tout près de lui *volant d'amont*, qu'il prit pour un oiseau sauvage.

Peels continua en Angleterre l'œuvre commencée par

(1) On appelle ainsi les faucons pris sauvages, âgés de plus d'un an, et revêtus de leur livrée parfaite.

son maître. Il entra au service de sir John Sebright, chez lequel il resta jusqu'en 1814, époque à laquelle se forma le Hawking-Club de Didlington, pour prendre les hérons d'une belle héronnière située dans le Norfolk, sur les terres du colonel Wilson, plus tard lord Barnes. Peels mourut en 1838, laissant deux fils aussi habiles fauconniers que lui ; Henri se plaça en Irlande, chez M. O'Keeffe, et John, tour à tour fauconnier chez le duc de Leeds, chez M. Newcome, etc., est aujourd'hui chargé du vol que continue à entretenir le duc de Saint-Albans, grand fauconnier héréditaire de la couronne d'Angleterre. Jadis c'était un homme actif et entreprenant ; il passa une fois six mois en Islande pour piéger des gerfauts, et, après avoir bien souffert du froid et de la fatigue, il revint, en novembre 1845, à Brandon-Hall, dans le Norfolk, avec quinze de ces oiseaux. Nous avons vu cet exploit renouvelé récemment par John Barr pour le compte de lord Lilford, auquel il ramena une trentaine de gerfauts.

A la dissolution de la société, formée à Didlington, qui suivit la mort de lord Barnes en 1838, l'un des fauconniers du club, Jean Bots, élève de Daankers, vint en France, chez M. le baron d'Offémont, pour voler, chez ce gentilhomme français, la perdrix et la corneille, au château d'Offémont, dans les environs de Compiègne. Pour la seconde fois depuis la chute de la royauté, la fauconnerie faisait une réapparition sur sa terre de prédilection, mais elle ne fit qu'y passer sans laisser de traces, car dans la même année, M. d'Offémont et l'honorable Wortley Stuart, membre de l'ancienne société de Didlington, après avoir visité les environs du Loo, se réunirent au duc de

Leeds et à M. Newcome pour y aller voler le héron, avec l'autorisation du roi des Pays-Bas. Enchanté de la première saison de chasse, dans laquelle ils prirent cent quarante hérons avec un vol de vingt et un faucons (1), M. Newcome allait lui-même, au mois d'août suivant, avec le baron Van Tuyll Van Serooskerken, piéger, aux environs de Christiana, à Dovrefield, trois gerfauts *sors*. En 1840, la société du Loo s'organisa sur un grand pied, sous la présidence du baron Tindall, et l'on prit avec vingt-deux faucons cent trente-huit hérons. Voici, d'après Schlegel, l'état de l'équipage et le nombre de prises de cette illustre société, pendant les quelques années de son existence, malheureusement trop courte :

1841	44	faucons.	287	hérons.
1842	44	—	148	—
1843	40	—	200	—
1844	36	—	100	—
1849	14	—	128	—
1850	16	—	138	—
1851	18		130	—
1852	36	—	297	—

Mais si les fauconniers hollandais qu'attirèrent en Angleterre lord Orford, l'oncle d'Horace Walpole, et le colonel Thornton, contribuèrent beaucoup à imprimer un nouvel élan à la fauconnerie anglaise, ce n'est pas, comme nous l'avons dit, que la Grande-Bretagne ne possédât ses propres fauconniers ; malgré toutes les vicis-

(1) On appelle ainsi les faucons de première année, avant leur première mue.

situdes qu'elle eut à traverser, la fauconnerie n'y avait jamais été perdue de vue, et les Écossais dans les Iles-Britanniques, comme les Hollandais sur le continent, se distinguèrent toujours dans cet art. Les fauconniers hollandais ne se servaient que de faucons *de passage* (1),

Fauconniers anglais volant le canard avec l'aide de Field Spanniels.

mais en Écosse, où le pèlerin nichait presque partout, on employait des faucons *niais* (2) dont on savait tirer un excellent parti, et c'est en Angleterre que les Hollandais s'initièrent à cette branche de leur art.

L'exemple le plus remarquable de fauconniers se succé-

(1) C'est-à-dire pris adultes. « Cestuy faucon est dit *pelerin* (nom que lui ont conservé les naturalistes) pour ce qu'il est oiseau de passage et va de région en autre comme qui fait un pèlerinage et encore dit-on de luy que jamais ne se rencontra homme, fust chrétien ou infidèle, qui ait pu dire avoir vu ou trouvé ou seu où ce faucon fait ses petits ny son aire. » Jean de Franchières, *la Fauconnerie*, Paris, 1511.

(2) Faucons pris dans l'aire encore couverts de duvet

dant de père en fils, dit le capitaine Salvin, pendant bien des générations se voit, en Angleterre, dans l'ancienne famille des Fleming de Barochan Tower, dans le Renfrewshire. Le chef actuel de cette famille avait un équipage de faucons dans l'Inde ; son père fut maître du vol de Renfrewshire, entretenu par des souscriptions particulières jusqu'à l'époque de sa mort, en 1819, et son grand-père était aussi un célèbre fauconnier. Jacques IV d'Écosse avait donné à Pierre Fleming, un de leurs ancêtres, un chaperon richement orné de pierres précieuses en souvenir de la victoire que le tiercelet de celui-ci avait remportée sur le faucon du roi, et cette intéressante relique a été précieusement conservée dans la famille. Les fauconniers au service des Fleming ont toujours été des Écossais, et quoique les fauconniers du colonel Thornton fussent d'abord des Hollandais, il préférait tellement les Écossais pour le dressage des oiseaux niais, qu'il finit par choisir toujours son fauconnier en chef de cette nationalité. Parmi les fauconniers des Fleming, John Anderson (1760-1838) a laissé un nom célèbre ; engagé d'abord comme aide fauconnier, il succéda peu à peu chez eux comme fauconnier en chef à John Hainshaw. Un autre fauconnier remarquable fut Thomas Kennedy, de Mayboll, dans le comté d'Ayr, qui commença à pratiquer vers 1761, et fut longtemps au service de lord O'Neil de Stannes Castle, dans le comté d'Antrim. Lord O'Neil venait tous les ans d'Irlande en déplacement dans le Ross-shire à Strathconan, et comme il n'y avait pas alors d'habitations sur les bruyères de l'Écosse, il emportait une maison en bois. Enfin, vers 1812, M. Sinclair des Falls, près de Belfast, avait un fauconnier écossais du nom de James Marshall, qui sortait de chez lord Eglington, lui-même grand amateur de vol, et dont tous les fauconniers étaient des Écossais qui n'avaient jamais eu le moindre rapport avec l'école hollandaise. Le terrain était donc bien préparé lorsque les guerres continentales chassèrent les fauconniers hollandais en Angleterre, et la fauconnerie éprouva alors une sorte de renaissance. De cet élan sont sortis les fauconniers anglais de notre époque, qui, sans être très-nombreux, forment encore une vaillante colonne; les uns entretiennent un petit équipage de vol à leurs propres frais, d'autres se sont réunis en société, et les noms du Maharajah Dhuleep Singh, du capitaine Salvin, de M. Newcome, du major Delmé Radcliff, de lord Lilford, du capitaine Duncombe, du capitaine F. Sandys Dugmore et de son frère le colonel Dugmore, de MM. Knox, Langley, Corbet, etc., seront toujours cités avec reconnaissance parmi les protecteurs de la fauconnerie anglaise.

Un des équipages de fauconnerie les plus considérables de la Grande-Bretagne était sans contredit il y a quelques années celui de l'ancien roi du Punjab, le Maharajah Dhuleep Singh. Ce prince indien, fils adoptif de l'une des femmes de Runjeet Singh, après plusieurs luttes sanglantes qui suivirent la mort de ce souverain, fut proclamé roi du Punjab et régna pendant la première et seconde guerre des Sikhs, mais en mars 1849, lorsque son territoire fut incorporé dans l'Inde anglaise, après avoir terminé son éducation sous les soins d'un officier anglais, il se fit chrétien et se fixa avec sa mère en Angleterre. A la mort de celle-ci, en octobre 1863, il transporta ses cendres dans l'Inde et se maria pendant ce pieux voyage. Possesseur d'une fortune considérable, il revint alors s'installer, avec tout son luxe oriental, dans le comté de Suffolk, à Elveden-Hall, où sa fauconnerie occupait un personnel très-nombreux d'Indiens Vers la fin de l'année 1864, sur le point d'entreprendre un long voyage en Egypte, le prince Dhuleep Singh démonta une partie de son équipage, et afin de permettre à son fauconnier en chef, John Barr, qui était chez lui depuis huit ans, de trouver plus facilement une nouvelle position, il lui avait donné une dizaine des faucons de l'équipage. John Barr était d'une respectable famille écossaise, son père avait été garde-chef d'un grand domaine, et avait enseigné à ses fils l'art de la fauconnerie. Célèbre par sa grande habileté et l'expérience qu'il avait acquise non-seulement en Angleterre, mais dans l'Inde, qu'il avait assez longtemps habitée, John Barr était cité, dans presque tous les traités modernes de fauconnerie anglaise, comme l'un des meilleurs fauconniers qu'il y ait jamais eu.

C'est alors que nous eûmes l'idée de profiter de l'occasion pour organiser en France un Hawking-club comme il en existe plusieurs en Angleterre. Parmi les personnes auxquelles nous parlâmes de notre projet, et qui l'accueillirent d'une façon favorable, se trouva un jeune veneur de la Sologne, M. Georges Millin de Grandmaison, qui prit aussitôt Barr à son service, et le 15 avril 1865 un vol de dix pèlerins était installé au château des Souches, près de Romorantin. Pendant son passage à Paris l'équipage reçut la gracieuse hospitalité du Jardin d'acclimatation, et pendant le séjour qu'il y fit nous eûmes le plaisir d'assister à quelques beaux vols aux environs de Paris, à Fontainebleau et dans le Vexin (1). L'année suivante l'équipage de fauconnerie de Champagne était fondé sous la présidence de M. Alfred Werlé, le fils de l'honorable député de Reims, et comptait pour principaux sociétaires MM. le vicomte de Champeaux-Verneuil, le baron d'Aubilly, le vicomte Adrien de Brimont, le comte Le Couteulx de Canteleu, le vicomte Georges de Grandmaison, le comte Fernand de Montebello, M. Julio Alfonso de Aldama, M. Pierre-Amédée Pichot. Notre aimable président obtint de S. M. l'Empereur l'autorisation d'installer ses oiseaux au camp de Châlons, et les jolis vols de l'équipage furent pendant quelques années fort assidûment suivis pendant la saison des grandes manœuvres. L'équipage fit aussi sur différents points de la France de fort beaux déplacements. Lorsqu'en 1868 des circonstances particulières provoquèrent sa dissolution, un des sociétaires, M. Julio Alfonso de Aldama, conserva pendant une année environ John Barr à son service, mais bientôt, obligé de partir pour la Havane, il dut renvoyer Barr en Angleterre et celui-ci entra chez le marquis de Bute, puis il passa au service de M. Corbet en Irlande.

L'équipage de M. Corbet, un des plus complets qu'il y ait aujourd'hui dans les trois royaumes, compte environ une trentaine d'oiseaux à son rang, parmi lesquels

(1) Le compte rendu de ces vols a été publié dans le *Journal des Chasseurs*, avril et mai 1865.

des autours provenant de la forêt de Lyons, en Vexin, et des gerfauts d'Islande. Un des gerfauts de l'équipage est un magnifique oiseau du Groënland, presque entièrement d'un blanc pur, sauf quelques plumes noires sur le dos. Il fut recueilli en mer au printemps dernier, alors que, fatigué de lutter contre une tempête, il était venu se poser sur les cordages d'un navire qui passait au large de la Norvége. Barr l'a affaité pour le héron, qu'il ne pourra pas mieux voler, d'ailleurs, qu'un pèlerin *niais* que l'habile fauconnier a mis récemment à ce vol, quoiqu'on ne consacre habituellement à ce grand sport que des oiseaux pris sauvages et adultes, les plus hardis et les plus vigoureux. Nul, du reste, ne saurait mieux que Barr tirer d'un oiseau tout le parti possible, et, du temps où nous suivions les vols de l'équipage de Champagne, en déplacement dans le Vexin, nous lui avons vu mettre ses faucons en condition et développer leurs aptitudes avec un instinct et un tact qu'auraient pu lui envier ses voisins, les habiles entraîneurs et jockeys du haras de Dangu.

Aujourd'hui le célèbre fauconnier écossais est au service du capitaine F. Sandys Dugmore, du 64e régiment d'infanterie, et de son frère le colonel M. J. Dugmore. C'est cet équipage de vol que l'on peut voir actuellement au Jardin d'acclimatation où, par la gracieuse autorisation du chef d'équipage, il sera exhibé au public pendant les intervalles des chasses que les faucons sont appellés à faire en Angleterre. Par ces exhibitions périodiques le capitaine Dugmore, un des plus ardents fauconniers anglais de notre époque, veut aider les efforts qu'ont faits en France les anciens membres de l'équipage de Cham-

2

pagne et le Jardin d'acclimation pour empêcher le bel art de la fauconnerie de tomber complétement en oubli sur le continent. Ce n'est pas du reste la première fois que l'équipage du capitaine Dugmore vient en France : en 1867, répondant à une invitation du comte Le Couteulx de Canteleu, le capitaine fit un assez long séjour dans le Vexin puis alla passer l'hiver à Cannes où il emmena son équipage. Il arrivait alors du Canada avec une demi-douzaine de pèlerins, un émerillon et quelques autours originaires de la forêt de Lyons et qui se trouvaient ainsi revenir voler dans leur pays natal après avoir fait une saison de chasse dans le Nouveau Monde. Les oiseaux du capitaine Dugmore sont actuellement au nombre de 9 dont voici la liste :

1. Hector, tiercelet de pèlerin (mâle jeune) déniché en juin 1875.

2. Bluebeard, frère du précédent.

3. Duchess, faucon pèlerin (femelle jeune) du même âge.

4. Tigress, idem.

5. Empress, idem.

6. General, tiercelet de pèlerin mué (mâle adulte) déniché en juin 1872.

7. Lady-bird, faucon pèlerin hagard (femelle adulte de passage).

8. Bushman, autour femelle dénichée en juin 1875 dans la forêt de Lyons en Vexin.

9. Princess, autour femelle blanche d'Australie.

L'équipage attend une importante remonte de faucons pèlerins hagards, pour lesquels Mollen, le vieux fauconnier du roi de Hollande, est déjà en train de préparer les huttes dans lesquelles il guette les faucons au passage d'automne sur les plaines du Brabant; le capitaine Dugmore lui a aussi commandé des émérillons et des autours de passage. Puisse ce noble exemple inspirer aussi quelques uns de nos veneurs pour continuer les traditions qu'ont ressuscitées de nos jours les d'Offémont, les Grandmaison, les Werlé, les Le Couteulx et permettre à la vieille devise des fauconniers français, que nous citions plus haut, de reprendre son orthographe véritable : « MON ESPOIR EST EN PENNES ! »

§ II

Les principaux oiseaux de proie employés pour le vol se distinguent en oiseaux de haute et de basse volerie ou oiseaux de proie nobles et ignobles. Les oiseaux de la première catégorie sont les mieux armés, ils ont les ailes longues, atteignant presque l'extrémité de la queue, les doigts également très-longs et déliés, surtout celui du milieu, ce qui rend leur serre redoutable et leur permet de lier facilement leur proie. Le *Faucon Pèlerin* (Falco Peregrinus) est assez commun dans toutes les parties tempérées et chaudes de l'Europe. Il niche sur des roches escarpées, notamment dans les montagnes de l'Écosse où l'on en déniche chaque année un assez grand nombre, ce qui n'empêche pas les vieux oiseaux de revenir chaque année construire leur nid à peu près au même endroit. En France, notamment sur les bords de la Seine, dans une falaise connue, je crois, sous le nom de buttes du Rhône, nous en connaissons un nid que protège

Faucon pèlerin.

avec soin M. Grandin de l'Esprevier. Noblesse oblige! A l'automne le faucon pèlerin descend vers le Midi, et on les voit alors en grand nombre, mais isolés, suivre cette grande ligne de bruyères et de plaines qui, partant de la Hollande descend jusqu'en Espagne, et qu'ils remontent au printemps. Le passage d'automne est cependant le plus nombreux ; c'est alors que dans les grandes bruyères du Brabant septentrionnal les fauconniers Hollandais en prennent un très-grand nombre grâce à un système fort ingénieux. Cachés dans une hutte en mottes de terre, ils sont avertis du passage d'un oiseau de proie par les mouvements de terreur d'une pie-grièche qu'ils ont soin de placer bien en évidence sur un petit tertre, d'où cet oiseau vigilant peut explorer de son œil perçant tous les points de l'horizon. Alors en agitant d'abord un pigeon artificiel suspendu au bout d'un mât, puis en tirant d'une cachette, disposée exprès, un pigeon véritable, ils attirent peu à peu le faucon, qui fond avec l'impétuosité de l'éclair sur ce qu'il croit être un oiseau libre, et lorsqu'il l'a lié, rien n'est plus facile que de rabattre sur lui un petit filet circulaire dans le rayon duquel se trouve le leurre fallacieux. Les pèlerins sont certes les plus courageux et les plus utiles de tous les faucons de chasse. Leur plumage à la sortie du nid est très-différent de ce qu'il sera à l'état adulte ; d'abord brun maculé de taches allongées sur la poitrine, il devient d'un gris cendré bleuâtre et le ventre blanc se couvre de stries horizontales excessivement fines. La cire du bec et les pattes sont d'un beau jaune doré.

Les *Sacres* (F. Sacer) et les *Laniers* (F. Laniarius) ont les ailes moins longues que la queue et les formes plus lourdes que le pèlerin, ils ont aussi moins de courage et moins d'entreprise. Ce sont des faucons méridionaux, très-usités en Orient et en Algérie ; ils sont dociles et faciles à dresser.

L'*Émerillon* (Falco æsalon) est une ravissante miniature du faucon pèlerin, quoiqu'il ait les ailes un peu plus courtes ; sa taille est celle d'une grive ; c'est, ainsi que le hobereau, le plus familier de tous les oiseaux de proie. Il a beaucoup de hardiesse et de courage, et est généralement utilisé pour le vol de l'alouette ; il n'hésite pas cependant à attaquer des perdrix et des pigeons plus gros que lui. Il niche à terre en général dans les grandes plaines, au milieu de la lande ou des blés, et creuse une simple excavation dans le sol pour pondre ses œufs.

Le *Hobereau* (Falco subbuteo), un peu plus gros que l'émerillon, était autrefois fort usité ; les fauconniers modernes l'ont peu employé cependant ; comme sa nourriture se compose en grande partie d'insectes, qu'il prend au vol comme les hirondelles, il a moins de hardiesse et d'entreprise que les autres faucons. Il niche sur les arbres élevés sur la lisière des bois.

Les *Gerfauts* (Falco islandicus) ou faucons blancs de Norvége et d'Islande, se rapprochent par leur bec des oiseaux de proies ignobles. De taille forte et lourde, armés puissamment et doués de muscles robustes, ce sont des oiseaux redoutables pour les habitants des airs, et ils étaient fort estimés dans l'ancien temps. Les fauconniers modernes en font beaucoup moins de cas.

Les *Autours* (Astur palumbarius) et les *Éperviers* (Falco Nisus) ont les ailes très-courtes, les tarses longs. Classés parmi les oiseaux de proie ignobles, ce sont des oiseaux de basse volerie partant du poing de leur maître au lever de la proie ou la guettant perchés sur une branche d'arbre, et ne la suivant jamais loin s'ils ne peuvent pas la saisir presque au départ. L'autour est le plus gros de tous les oiseaux de chasse, et le plus utile comme pourvoyeur du garde-manger. Aussi, soit pour cette raison, soit parce que pour le rendre plus familier (un grand point dans le dressage de l'autour), on le tenait à la cuisine, il était désigné au moyen âge sous le nom de *cuisinier*.

Faucon Hobereau.

Jusqu'à la mue les jeunes autours ont le dessus du corps brun et le dessous jaunâtre, marqué de taches longitudinales brunes ; après la mue ils prennent une teinte cendrée, et les parties inférieures restant blanches sont marquées de stries transversales noires. L'autour est répandu sur tout le globe, et il niche dans quelques-unes de nos grandes forêts, où il construit son aire en lisière sur les arbres les plus élevés. L'équipage de fauconnerie de Champagne faisait dénicher chaque année des autours pour les envoyer en Angleterre, où ces oiseaux n'existant plus depuis longtemps, les fauconniers étaient obligés de s'adresser à l'Allemagne pour se remonter en autours. Depuis, plusieurs des sociétaires ont continué à protéger les aires d'autours, et envoient chaque année les jeunes oiseaux à leurs confrères de la Grande-Bretagne.

L'*Épervier* ou *Émouchet* offre beaucoup d'analogie avec l'autour ; il lui ressemble par le plumage, par le vol, par la manière de chasser, mais sa taille est très-petite et il ne mesure pas plus de trente centimètres de longueur environ. C'est un des oiseaux de proie les plus répandus en France, il est hardi et courageux, et lorsqu'il est bien dressé peut voler toute espèce de gibier et prendre même des levrauts et de jeunes lapins, quoique pour ce faire il faille un oiseau exceptionnellement fort et vigoureux.

Il y a encore d'autres espèces de faucons exotiques que l'on peut employer en fauconnerie ; nous signalons particulièrement les pèlerins de l'Inde et les autours blancs d'Australie (Astur Novæ-Hollandiæ). On peut voir un magnifique spécimen de ces derniers dans l'équipage du capitaine Dugmore.

§ III

C'est en Angleterre qu'il faut aller chercher aujourd'hui les traités de fauconnerie moderne ; cependant un des plus magnifiques ouvrages de ce genre. celui de Schlegel et de Verster de Wulverhorst dédié au roi de Hollande Guillaume III, ouvrage malheureusement d'un prix trop élévé et tiré à un trop petit nombre d'exemplaires pour être accessible à toutes les fortunes, a été écrit en langue française et publié à Dusseldorf en 1844. (1) Parmi les monographies anglaises que peuvent utilement consulter aujourd'hui ceux qui voudraient s'initier aux pratiques de la fauconnerie, nous signalerons particulièrement l'*Histoire de la fauconnerie anglaise* (2), du capitaine Salvin, dont la seconde édition vient de paraître, et auquel en France le docteur Chenu a emprunté plusieurs pages intéressantes pour le supplément au tome deuxième de son *Histoire naturelle des oiseaux* (3), enfin un petit volume de la librairie spéciale du *Field*, dû à la plume de Gage-Earl Freemann un des maîtres modernes (4). Pour donner ici en quelques mots aux visiteurs du Jardin d'acclimatation une idée de ce qu'est le dressage des oiseaux de vol, nous ne pouvons mieux faire que d'emprunter les pages suivantes à la *Revue Britannique* (5) :

(1) *Traité de Fauconnerie*, par H. Schlegel et A.-H. Verster de Wulverhorst. Gr. in-folio. Leiden et Düsseldorf, chez Arnz et Cie. 1844-1853.

(2) *Falconry in the British isles*, by Francis Henry Salvin and William Brodrick. London, John van Voorst; Paternoster row, 1855. On trouvera cet ouvrage à la librairie du Jardin d'acclimatation.

(3) *La Fauconnerie ancienne et moderne*, par J.-C. Chenu et O. Des Murs. Paris, Hachette et Cie, 1862, et aussi à la librairie du Jardin d'acclimatation.

(4) *Practical falconry*, by Peregrine, vol. VII du Field library, 346, Strand, Londres.

(5) Article de Gage-Earl Freemann, traduit du *Cornhill Magazine* et publié dans la *Revue Britannique*, en octobre 1865

« Ceux qui ne voient dans la fauconnerie qu'un exercice des temps passés et qui croient que l'art de dresser des faucons est tombé dans l'oubli, comme celui de construire des dolmens ou des pyramides, apprendront, non sans surprise, qu'il y a de nos jours en Angleterre des faucons tellement parfaits, qu'il est difficile de s'imaginer que les princes du bon vieux temps, quelque exorbitants qu'aient été les prix qu'ils les payassent, aient pu en posséder de meilleurs. Lorsqu'un faucon pèlerin est arrivé à voler d'amont à cent, cent cinquante mètres au-dessus de son maître, tandis que celui-ci bat les bruyères et les fourrés pour faire lever le gibier ; lorsqu'il descend sur sa proie avec la rapidité d'une flèche ; lorsqu'il est sûr de lier, à moins que l'oiseau poursuivi ne se remette dans un couvert ; lorsqu'il n'essaye pas de charrier la pièce qu'il a abattue, quand même un chien viendrait à passer contre lui ; lorsqu'il est suffisamment entraîné enfin pour faire deux ou trois vols en une matinée, les personnes les plus étrangères à l'art de la fauconnerie peuvent aisément comprendre qu'un tel oiseau est arrivé à la perfection.

» Si du vol du gibier nous passons à la haute volerie (1), nous verrons qu'il en est de même. Lorsqu'un couple de faucons lancés après un héron qui leur passe à une cinquantaine de mètres (surtout si c'est un héron léger, c'est-à-dire allant à la pêche et par conséquent l'estomac vide) peuvent le prendre dans le vent après un vol de deux

(1) La haute volerie est celle du faucon, du gerfaut et du sacre sur le héron, la grue et le milan ; la basse volerie est celle de l'autour et du faucon sur le faisan, la perdrix, la caille, la pie, la corneille, le canard et le lièvre.

kilomètres, il est difficile, toutes choses égales d'ailleurs, de s'imaginer de meilleurs oiseaux. Et comme des faucons tels que ceux-ci ne sont pas rares chez nous aujourd'hui, il est tout simple d'en conclure que là où l'on comprend encore le charme de la fauconnerie, on sait la pratiquer mieux que jamais ; un un mot, les fauconniers modernes en science et en pratique pourraient rivaliser avec ceux du moyen âge.

» Nos ancêtres, excellents fauconniers qu'ils étaient, se plaisaient à entourer leur art de mystère et de merveilleux, et les conseils qu'ils donnaient dans leurs ouvrages ne pouvaient évidemment servir qu'aux gentilhommes de leur époque. En parcourant ces livres, on est bien souvent tenté de mettre en doute la bonne foi de leurs auteurs ; en tous cas, les préceptes que l'on y trouve jurent étrangement avec nos idées modernes, et nul être raisonnable ne chercherait aujourd'hui à les suivre. Peut-être seriez-vous curieux d'en connaître un extrait ; voici la recette d'un médicament pour un faucon malade tirée des *Délassements du gentilhomme*, publiés en 1677 (1) : « Prenez de
» germandrée, de basilic et de fleurs de genêt, une demi-
» once de chaque ; d'hysope, de sassafras, de polypode,
» de menthe sauvage, un quart d'once de chaque, et quan-
» tité égale de muscade ; de cubèbe, de bourrache, de
» baume de Judée, d'armoise, de sauge et des quatre
» baumes, une demi-once ; d'aloès succotrin, un cinquiè-
» me d'once, et de safran, une once entière. Mettez le tout

(1) *The Gentleman's Recreation in four parts; viz. : hunting, hawking, fowling, fishing.* London, Th. Fabian, 1677, in-8°, 2e édit.

» dans un boyau de poule que vous fermez à chaque » extrémité. » Quel pouvait être l'effet de cette merveilleuse mixture, c'est ce qu'il serait difficile de deviner, mais notre pharmacopée moderne se contenterait, dans le même cas, d'un peu de rhubarbe ou de quelques grains de poivre. Quant à la nourriture, le même ouvrage nous apprend que la chair de coq convient aux faucons de tempérament mélancolique, et qu'il faut nourrir autrement les oiseaux phlegmatiques, sans doute avec des poulettes! Si nous avions ici à faire l'histoire de l'ancienne fauconnerie, nous pourrions multiplier ces exemples des soins méticuleux des anciens maîtres.

» C'est chose facile que d'apprivoiser simplement un faucon ; ce n'est pas encore très-difficile d'amener son dressage à un certain point, mais il faut une main habile et exercée pour en faire un oiseau de premier ordre.

» La méthode moderne de dressage du pèlerin est la suivante : on se procure généralement les jeunes oiseaux en Ecosse, soit un peu avant qu'ils aient quitté leur aire, soit peu de temps après qu'ils ont pris leur vol. On les installe, sur une aire artificielle recouverte de paille fraîche, dans une remise ou un appentis exposé autant que possible au sud-est. Chacun d'eux est muni d'un grelot un peu fort de la grosseur d'une petite noix, attaché à un de leurs tarses que l'on garnit d'ailleurs tous deux de *jets*(1). S'ils ne peuvent voler encore, on peut laisser ouverte la porte de leur nouveau domicile ; mais s'ils peuvent déjà se servir de leurs ailes, pendant les premiers temps il

(1) Lanières courtes de cuir assujetties par un nœud bouclé et que le faucon garde toujours, même pour voler.

faudra la tenir fermée. Deux fois par jour, on les nourrit avec du filet de bœuf que l'on remplace de temps en temps par de la chair de lapin, de corneille ou de pigeon. Si les oiseaux sont très-jeunes, il faut couper la viande en petits morceaux, mais il ne faut pas les dénicher avant que les pennes ne soient bien sorties (1). Ensuite on commence à les habituer au leurre. Le leurre est un lourd morceau de bois fourchu recouvert de cuir et garni d'une paire d'ailes de pigeon; le tout est fixé à une longue lanière. Mais il est encore plus simple de se servir d'un pigeon mort attaché à une filière. On enseigne aux jeunes faucons à descendre de leur aire aux heures du repas pour prendre leur nourriture sur le leurre, tandis que le fauconnier les appelle de la voix ou en sifflant. Lorsqu'ils connaissent bien le leurre, on les laisse voler librement au dehors pendant quinze jours ou trois semaines, et si les repas sont régulièrement disposés aux mêmes heures et les leurres bien garnis de nourriture, les jeunes oiseaux ne manqueront jamais de revenir au son de la voix ou du sifflet du fauconnier, à moins, certes, qu'il ne leur soit arrivé malheur. Lorsque les jeunes faucons commencent à vouloir chasser pour leur compte, quoique le poids du grelot dont ils sont chargés ait été calculé de façon à paralyser leur initiative, on les reprend soit à la

(1) Les faucons dénichés trop jeunes sont atteints presque toujours de crampes et de convulsions tellement violentes, qu'ils restent paralysés, ou bien les os, encore flexibles, se plient sous les contractions musculaires, souvent assez fortes pour les briser en plusieurs endroits et faire jaillir la moelle aux endroits faibles. Barr attribue cette terrible maladie à l'impossibilité de nourrir les jeunes oiseaux comme feraient leurs parents, avec une nourriture délicate et à moitié digérée.

main, soit avec un petit filet. Il faut alors leur *faire la tête*, c'est-à-dire leur apprendre à supporter le chaperon et à se laisser porter sur le poing. En peu de jours, ils sont assez apprivoisés pour que l'on puisse se fier à eux au grand air, et remplaçant les premiers grelots par des grelots aussi légers que possible, on peut leur faire voler quelques jeunes coqs de bruyère ou quelques pigeons. C'est à cette époque que le fauconnier doit redoubler de soins pour empêcher le faucon de *charrier*, car on conçoit tout ce qu'il aurait d'ennuis et de désagréments si son oiseau s'éloignait lorsqu'il cherche à le reprendre. On lit dans certains ouvrages l'histoire de faucons rapportant leur proie à leur maître ; rien n'est plus absurde : c'est le fauconnier qui doit aller quérir son élève lorsqu'il a fait prise.

» Telle est, de nos jours, l'éducation du niais ou faucon pris dans l'aire. On se sert souvent aussi de faucons pris sauvages, que l'on appelle hagards ; mais, quoique excellents pour le héron et la corneille, ils ne sont pas aussi bons pour le gibier, car il est très-difficile de les faire voler d'amont au-dessus du fauconnier, en attendant que le gibier se lève, et il faut pour ce genre de vol que le faucon soit déjà sur l'aile au départ de la pièce, et non sur le poing de son maître. Bien entendu, les hagards ne s'affaitent jamais en liberté. Le mâle ou, comme on dit, le *tiercelet* (1) de pèlerin est parfait pour le vol de la perdrix

(1) On donne le nom de tiercelet aux mâles des oiseaux de chasse, sans doute parce qu'ils sont d'un tiers plus petits que les femelles. Cependant ce terme ne s'applique pas aux mâles du sacre, du lanier et de l'épervier, que l'on désigne par les noms de *sacret*, de *laneret* et de *mouchet*.

Autour dressé prenant un lièvre.

et du pigeon ; il n'y a que la femelle (que seule les fauconniers nomment *faucon*) qui puisse avantageusement combattre le héron, et l'on doit aussi lui donner la préférence pour voler le coq de bruyère et la corneille.

» Plusieurs de nos fauconniers contemporains ont des autours dressés qui volent le lapin et quelquefois le lièvre et le faisan. On dresse aussi l'émerillon, et j'ai moi-même affaité pendant bien longtemps cet oiseau pour l'alouette (1); mais en 1857 je l'abandonnai pour ne plus me servir que d'autours et de pèlerins. L'épervier est très-bon pour le vol des petits oiseaux. Le hobereau est devenu introuvable en Angleterre ; enfin les faucons d'Islande et du Groënland sont toujours très-estimés, mais rares. On désigne plus communément ces derniers sous le nom de *gerfauts*, et jadis, lorsque leur plumage était bien blanc, et qu'ils étaient bien dressés, on les vendait des sommes énormes. Aujourd'hui, ceux que l'on rencontre sont plus abordables, et l'on peut parfois encore s'en procurer de non dressés dans les jardins zoologiques ; mais le pèlerin est bien assez fort pour le gibier dans notre pays.

» Lorsque la chasse est fermée, il faut se contenter de la corneille, du pigeon et de la pie. Ces oiseaux *se volent du poing*, c'est-à-dire que le faucon, au lieu de planer au-dessus du fauconnier, attendant que celui-ci fasse lever le gibier, (ce qui s'appelle *voler d'amont*), n'est déchaperonné et jeté qu'au moment même où la pièce se lève. Il

(2) M. Newcome a pris en un mois quatre-vingt-cinq alouettes avec ses émerillons dans le comté de Norfolk.

n'y a d'exception que lorsqu'on lance des pigeons d'escape pour apprendre au faucon à tenir amont. »

Le vol de la pie est un des plus amusants que l'on puisse voir, car le malin oiseau est un de ceux qui ont le plus de défense et nous avons vu à l'équipage de Champagne des pies durer quelques fois vingt minutes devant deux bons tiercelets. Le compte rendu suivant d'un vol de l'équipage de M. Corbet, en Irlande, peut donner une idée de ce genre de sport.

« Le rendez-vous était au pont d'O'Brien dans le pays de Clare. Ned, l'homme de M. Corbet, arrive portant la *cage* et M. Corbet le suit de près, son grand chien du mont Saint-Bernard *Alp*, trottant sur ses talons. Un frémissement de joie parcourt l'assistance ; les paysans quittent leur travail dans les champs pour accourir se grouper autour de la *cage* que l'on a posée par terre, et sur laquelle les faucons réparent gravement du bec et de l'ongle le désordre de leur toilette dérangée par le vent.

« On n'est pas longtemps sans découvrir une pie, qui semble avoir deviné qu'il n'allait pas faire bon pour elle dans la localité, et qui cherche à se défiler le long de la route de Bridgetown, sans tambour ni trompette, et en faisant le moins de montre possible de son plumage bigarré. On dirait à voir l'air timide et discret avec lequel elle ose à peine entrouvrir ses ailes et étaler sa queue en rasant les buissons, une jeune fillette qui serre autour d'une jambe fine et cambrée les replis de sa blanche jupe qu'un vent impertinent cherche à soulever. « *A la volée!* » est le cri général tandis que l'on déchaperonne « LE CHEF ECOSSAIS » et le « BABY DE

GINX (1) » deux des meilleurs tiercelets de l'équipage ; ils sont l'un et l'autre de l'année dernière et peuvent monter à des hauteurs inouïes. On leur donne le temps d'atteindre le sommet de leur *carrière* avant de piquer après la pie qu'on force à débucher, et qui a presque aussitôt à parer la descente de l'un et de l'autre faucon par une prompte esquivade. Au bout de deux ou trois brillantes passes d'arme, elle est liée par les deux faucons à la fois et l'on s'arrête un instant pour souffler. Dès que les chasseurs ont repris haleine, M. Corbet jette en l'air deux autres fameux tiercelets, le « SPECTRE DE PEPPER » et « DHULEEP SINGH, » qui nous entraînent à la poursuite d'une autre pie en plein terrain de ronces et d'épines cette fois ! A plus de cent reprises différentes, il faut forcer l'oiseau poursuivi à débucher d'un arbre à l'autre, à se réfugier d'un bouquet de bois dans un buisson et tout le monde se met de la partie, tandis que les faucons attentifs ne laissent pas passer une occasion de plonger sur la fugitive avec la rapidité de la foudre, faisant de temps en temps voler quelques plumes d'un coup d'avillon, mais ne parvenant pas à lier leur proie. On vit le moment où, chassée de partout, la malheureuse Margot n'eut d'autre ressource que de s'aller percher sur la tête d'une vache dont les cornes la protégèrent un instant contre les *descentes* de ses persécuteurs. Il fallut plus d'une heure pour que les vaillants tiercelets parvinssent à lasser la vigilance et à déjouer les ruses de l'infatigable oiseau. »

Dans une plaine bien découverte et par un temps

(1) Titre d'un roman économique populaire de M. Jenkins.

Le vol de la pie en Irlande.

calme, on peut tuer un nombre considérable de corneilles avec de bons faucons (1). On peut se servir indifféremment de niais ou de hagards. J'ai vu, dit M. Gage-Earl Freemann dans l'article déjà cité, plusieurs officiers de l'armée anglaise, dans les rangs de laquelle on rencontre d'habiles fauconniers, les campagnes de l'Inde ayant développé ce goût chez eux, prendre, avec quelques faucons de passage et deux niais, dans un des endroits les plus favorables à ce genre de vol, cent cinquante-deux freux et deux corbeaux.

» En 1863, auprès du même endroit, quatre-vingt-dix freux furent encore pris avec des niais. Pour le vol de la pie, les tiercelets sont préférables aux faucons, car ils vont incontestablement plus vite au milieu des haies et peuvent tourner dans un plus petit espace. On a vu un tiercelet tuer huit pies en un jour, mais c'est là un fait exceptionnel. »

Pour voler le héron, il faut un pays très-découvert, aux environs d'une héronnière. On emploie généralement pour ce vol des faucons de passage, mais M. Newcome a prouvé qu'avec de bons faucons niais on pouvait les prendre. Les *héronnières*, grands bois de haute futaie où les hérons s'assemblent pour nicher, ont été peu à peu détruites ou abandonnées de leurs hôtes par suite des progrès de la culture. Il en existe cependant encore quelques-unes en France et même aux portes de Paris, où l'on pourrait faire de beaux vols. Le vol du héron, qui

(1) La corneille que l'on chasse le plus habituellement est le freux (*Corvus frugilegus*). Mais les différentes espèces de ce genre fournissent toutes de bons vols.

est certainement le plus beau de tous, a de plus ce charme qu'il est rare qu'un héron soit assez maltraité pour qu'on ne puisse lui rendre la liberté après avoir prélevé quelques plumes de son aigrette et avoir fixé à son tarse une petite plaque commémorative. M. Newcome prit avec ses faucons, en 1848, un héron de la héronnière de Didlington, qui avait été abattu de même quinze ans auparavant par les faucons du colonel Wilson et qui portait déjà une première plaque de cuivre. L'année suivante il reprit encore, près de Hockwold dans le Norfolk, ce même oiseau, qui porte donc maintenant trois bracelets que ne doivent pas, ce me semble, lui envier beaucoup les autres habitants de la héronnière.

Le vol du gibier est moins intéressant que les vols dont nous venons de parler. Les perdrix et les coqs de bruyère ont moins de défense, et la lutte n'est le plus souvent qu'une lutte de vitesse. C'est à tort que l'on a prétendu que la chasse au vol était destructive pour le gibier, et qu'il quittait les lieux où l'on chassait souvent ainsi. Les perdreaux ne quittent pas, au contraire, leur remise habituelle, et l'on peut chaque jour aller attaquer à la même place la même compagnie, que la descente du pèlerin terrifie bien moins que les détonations des coups de fusil, qui seuls peuvent faire abandonner un canton. En Angleterre, le faucon sert souvent d'auxiliaire dans la chasse à tir, et, tandis que le pèlerin fait sa prise, il n'est pas rare que le fauconnier, s'il est bon tireur, fasse coup double sur la compagnie.

Voici ce que conseille M. Freemann pour le vol du gibier :

« Au commencement de la saison et pendant tout le mois de septembre, il vaut mieux, pour la perdrix surtout, attendre l'arrêt du chien avant de déchaperonner, car on gagne ainsi beaucoup de temps; mais, lorsque la saison est déjà avancée, les coqs de bruyère partent dès qu'ils aperçoivent le chien ou le chasseur, et vous risqueriez fort de ne point les atteindre si le faucon partait de votre poing. En conséquence, il faut maintenir le chien en arrière et avancer en silence jusqu'à un endroit que l'on soupçonne être bon. Alors on jette le faucon amont, et lorsqu'il a atteint le sommet de sa carrière, il faut presser le travail du chien, courir soi-même en frappant des mains et faire lever les oiseaux le plus vite possible. »

Comme on peut le voir par ce qui précède, si l'on a abandonné en France la pratique de la fauconnerie, ce n'est pas qu'il se soit élevé contre elle la moindre objection sérieuse. Le dressage des oiseaux de proie est par lui-même très-simple; c'est affaire de patience et de douceur, et il n'est pas de garde intelligent qui ne puisse apprendre rapidement auprès de Barr ou de tout autre bon fauconnier le maniement du chaperon et du leurre. Si un équipage de vol monté sur le pied de ceux que nous avions jadis au moyen âge coûte assez cher, cette dépense n'est pas à comparer cependant à celle de la chasse à courre, et quant à l'entretien de quelques oiseaux seulement, il n'est jamais bien élevé, puisque les faucons peuvent se nourrir pendant presque toute l'année des pies et des corbeaux qu'ils prennent.

Aussi sommes-nous persuadé que la fauconnerie peut sortir de l'oubli momentané où elle semble être tombée, si, prenant en main cette belle cause, quelques-uns de nos amateurs de chasse voulaient bien se convaincre *de visu* de toutes les jouissances que ce noble sport peut encore leur procurer. Sans doute il faudra pour cela se donner un peu de mal, mais nous aimons à croire que la ténacité et l'ardeur, ces deux mâles vertus qui, selon Shakespeare, distinguaient les fauconniers français, n'ont pas tellement disparu du caractère de notre nation que l'on n'y recherche plus que les plaisirs faciles.

II

LA PÊCHE AU CORMORAN

Si l'art de la fauconnerie demande un certain tact et un certain apprentissage, il n'en est pas de même de la pêche au cormoran, que l'on peut apprendre pour ainsi dire sans maître et en se conformant à quelques préceptes très- simples que les amateurs trouveront détaillés tout au long dans l'excellent opuscule du comte Le Couteulx de Canteleu, *la Pêche au cormoran* (1), le premier traité spécial que l'on ait écrit sur cette matière et auquel il reste peu de chose à ajouter. Le comte Le Couteulx y relate nos premiers essais en France et donne un très-bon historique des vicissitudes que la pêche au cormoran eut comme la fauconnerie à traverser dans notre pays.

Les *Cormorans* appartiennent à une division de l'ordre des palmipèdes, dont non-seulement les trois doigts antérieurs sont réunis par une large membrane, comme chez les canards, mais encore le pouce ou doigt postérieur est relié aux autres doigts par la prolongation de cette palmure, ce qui augmente singulièrement la largeur de leurs rames. Leurs pattes sont d'ailleurs courtes

(1) *La Pêche au cormoran*, par M. le comte Le Couteulx de Canteleu, avec deux planches dessinées d'après nature, par M. E Bellier de Villiers. Prix : 10 fr., au bureau de la *Revue britannique* et à la librairie du Jardin d'acclimatation

et nullement disposées pour la marche ; mais la longueur de leurs ailes en fait de bons voiliers. Les pélicans, les phaëtons et les anhingas se rattachent à cette famille dite des *totipalmes*. Les cormorans sont répandus sur tout le globe et nichent en grand nombre, notamment sur nos côtes de Bretagne et dans les

marais de la Hollande. On en compte plusieurs espèces : le *cormoran commun* (Pelecanus carbo), le *petit cormoran* (P. graculus), le *cormoran de Chine* (P. Sinensis), le *cormoran à face rouge* (P. uribe) du Kamtchatka, le *petit cormoran d'Afrique* (P. Africanus), etc. Il est probable que toutes sont susceptibles de dressage ; mais les trois premières seules ont été jusqu'ici employées.

De temps immémorial les cormorans ont été utilisés par l'homme, qui a su mettre à profit leur talent pour la pêche, en les apprivoisant et en les accoutumant à rapporter à leur maître le poisson qu'ils prennent. Les plus vieilles peintures sur porcelaine du Céleste Empire nous apprennent que les Chinois avaient de longue date imaginé ce curieux genre de pêche. Georges Stauton raconte avoir vu sur le grand lac que forme la rivière de Luen, à une journée de Han-Choo-Foo, des milliers de petits bateaux destinés à cet usage ; sur chaque bateau étaient perchés dix à douze de ces oiseaux, qui, à un signal de leur maître, plongeaient dans l'eau à la recherche du poisson. Déjà en 1793, lord Macartney avait fait la même observation :

« Les voyageurs virent dans ces environs (confluent du canal impérial qui va de Lin-Sin-Chou à Han-Chou-Fou et de la rivière de Luen), le *leutzé* ou oiseau pêcheur de la Chine. Dans un lac considérable situé à l'est du canal, il existe des milliers de petits bateaux et de radeaux consacrés exclusivement à cette pêche. On place sur chaque bateau une douzaine de cormorans. Rien n'est plus étonnant que de leur voir rapporter dans leur bec les énormes poissons qu'ils pèchent. Il n'est pas besoin de leur mettre au cou d'anneau ni de corde pour les empêcher d'avaler ; ils ne dévorent que ce que le pêcheur leur donne. Le bateau est très-léger et peut être porté sur les épaules. Si le poisson est trop lourd pour un ou deux cormorans, un autre vient le soulager. Pour obtenir la permission d'en avoir, il faut payer à l'empereur des droits exorbitants (1). »

Robert Fortune, en 1842, après la première guerre de

(1) *Voyage en Chine et en Tartarie*, de lord Macartney, ambassadeur du roi d'Angleterre, en 1793.

l'Angleterre contre la Chine, observa aussi ce genre de pêche à l'embouchure de la rivière de Foo-Choo-Foo, et aujourd'hui elle est toujours régulièrement pratiquée, au nord de la Chine et dans les lacs à fond dur des environs de Shangaï, où ces oiseaux sont fort estimés quand ils sont bien dressés. Plusieurs autres voyageurs nous

apprennent que les cormorans se reproduisent en Chine, en captivité, à l'âge de deux ans, et les observations que l'on a pu faire sur ces oiseaux qui ont vécu dans nos jardins zoologiques tendent à confirmer cette assertion. S. W. Williams dit qu'on fait couver leurs œufs en Chine par des poules de ferme, et qu'on nourrit les jeunes avec du sang d'anguille et du hachis de poisson.

La pêche au cormoran paraît avoir être introduite en Europe, au commencement du XVIIe siècle, par les Hollandais ; depuis, elle a été fréquemment pratiquée en Angleterre et en France. A la cour de Charles Ier, une des charges de la cour les plus importantes était celle de maître des cormorans du roi. Sous Henri IV, on pêchait au cormoran devant Sa Majesté sur les canaux de Fontainebleau. En 1618, il y avait dans cette résidence royale un garde des comorans, dont les fonctions furent maintenues jusqu'en 1736. Le *Mercure* d'octobre 1713 donne une description magnifique du spectacle que présentaient ces pêches faites devant la cour. « Il y a deux fois la se-

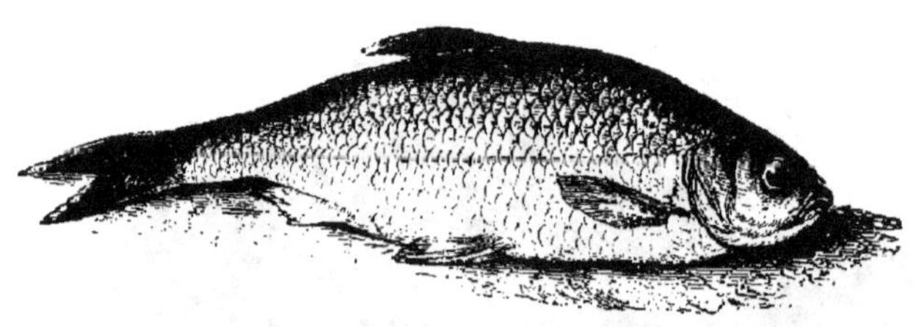

maine, raconte cette Gazette, pêche au cormoran et promenade royale le long du canal de Fontainebleau ; le roi menait lui-même sa calèche, ainsi que Mme la duchesse de Berry la sienne, qui marchait toujours à côté de celle du roi, et qui était toute dorée de même que les harnais des chevaux. »

En Angleterre, il est probable que la pêche au cormoran disparut à la chute des Stuarts ; mais en France elle a duré jusqu'au milieu du règne de Louis XV. En Hollande, elle s'était conservée ; c'est de là qu'elle fit sa réapparition en Angleterre, à l'époque où les fauconniers anglais se rendaient tous les ans au château du Loo, sous le dernier règne, pour voler les hérons. Le capitaine Salvin a puissamment contribué à la remettre en vigueur, et lorsque nous organisâmes en France, il y a quelques années, un équipage de fauconnerie, notre fauconnier, John Barr, nous apprit à dresser des cormorans. Depuis lors plusieurs personnes ont suivi notre exemple avec succès : M. de Grandmaison, chez qui John Barr débuta sur le continent, en possédait d'ex-

Le capitaine Salvin et ses cormorans.

cellents à son château des Souches, en Sologne ; puis le comte Le Couteulx dressa le fameux Tobie et fit de son valet de chiens, La Jeunesse, un maître de cormorans auquel il ne manquait que la queue traditionnelle pour avoir l'air d'un véritable Chinois. Enfin M. de la Rue, inspecteur des forêts de la couronne à Corbeil, un des rares forestiers qui comprennent les animaux, consacra ses loisirs à la pêche au cormoran. Ses deux oiseaux, Tom et Red, qui avaient leur plein vol et revenaient à sa voix se percher sur son poing, l'œsophage chargé de poisson, resteront légendaires sur les rives de l'Essonne. Ces deux excellents oiseaux furent traîtreusement assassinés l'an dernier, aux environs de Nice, par un nemrod méridional, qui ne put résister à la tentation de faire un facile coup double sur ces pêcheurs innocents. Tous les ans, au Jardin d'acclimatation, nous faisons dresser des cormorans par les faisandiers du Jardin, et plusieurs sont devenus des oiseaux tout à fait extraordinaires, quoiqu'on se soit donné peu de mal pour développer leurs aptitudes.

Il n'y a pas de plus joli sport que celui de la pêche au cormoran, ni qui soit en effet plus facile à pratiquer. Il suffit simplement d'apprivoiser l'oiseau, ce qui ce fait en lui donnant à manger à la main ; bientôt il connaît son maître et le suit comme un chien, accourant au son de sa voix. En peu de temps sa familiarité devient excessive, et l'on est obligé de bien fermer les portes pour l'empêcher de vous suivre ou de vous chercher à travers toute la maison. Alors on le met à l'eau avec un collier au cou fait d'une lanière de cuir verni fermé par une boucle, pour l'empêcher d'avaler les poissons qu'il prendra ; mais, comme son gosier est très-large et facilement dilatable, le poisson pris se place facilement dans l'œsophage. On rappelle alors le cormoran en lui montrant, comme leurre, un morceau de viande ou de poisson, et, lorsqu'on lui a retiré sa capture, on le récompense en lui donnant un

La Jeunesse et son cormoran Tobie.

petit morceau du leurre. L'oiseau retourne aussitôt à l'eau, reprend sa quête, fouillant dans les roseaux et sous la berge comme un véritable chien d'arrêt ; lorsqu'il a forcé quelque nouvelle proie à déguerpir, il se lance à sa poursuite avec la rapidité de l'éclair ; après une course de quinze à trente mètres, dont on peut facilement suivre les péripéties dans des eaux limpides, il parvient à rattraper le poisson par la queue ou par le milieu du corps, et remonte à la surface pour le faire glisser la tête la première dans son vaste gosier.

Les cormorans qui font partie de l'équipage de fauconnerie actuellement au Jardin d'acclimatation appartiennent au colonel Dugmore, le frère du capitaine, et ont été dressés par Barr avec une telle perfection, que nous les avons vu pêcher sans collier comme en Chine et cependant rester parfaitement soumis à la moindre injonction du fauconnier. L'un de ces oiseaux pris adulte et au piége a été apprivoisé en trois jours au point d'être aussi bien *mis* dans ce court laps de temps que les plus anciens oiseaux de l'équipage.

5009. — IMPRIMERIE DE E. MARTINET, RUE MIGNON, 2.

REVUE BRITANNIQUE

REVUE INTERNATIONALE

POLITIQUE, SCIENTIFIQUE ET LITTÉRAIRE

PUBLIÉE SOUS LA DIRECTION

DE M. AMÉDÉE PICHOT

Par livraisons mensuelles d'environ 300 pages, quelquefois accompagnées de gravures et de cartes.

La *Revue britannique*, qui entre dans sa cinquante et unième année, est aujourd'hui l'un des plus anciens périodiques français. Son cadre, qui embrasse toutes les connaissances humaines, en a fait une véritable encyclopédie. Elle tient le lecteur au courant de tout ce qui se publie à l'étranger, et embrasse toutes les littératures, celles du Midi comme celles du Nord. La *Revue britannique* complète son programme par des articles originaux, et des correspondances qui lui sont spécialement adressées des différents pays du globe.

Abonnement : un an, 50 fr.

Bureaux d'abonnement et de rédaction :

Paris, 50, boulevard Haussmann.

5009. — PARIS. — IMPRIMERIE DE E. MARTINET, RUE MIGNON, 2

www.ingramcontent.com/pod-product-compliance
Lightning Source LLC
LaVergne TN
LVHW050454160826
845677LV00003B/776